我的小问题·科学

水

[法]塞德里克·富尔/著
[法]奥塞昂·梅克伦贝格/绘
唐　波/译

北京时代华文书局

我们能在地球的哪些地方找到水？

宇航员从太空看去，地球几乎全是蓝色的。水覆盖了一半以上的地球表面。因此，地球也被称为“蓝色星球”。

假如我们将地球上所有的水装满 100 个杯子，那么有 97 杯是咸水，2 杯是以冰的形式存在的淡水，只有最后一杯是液态淡水。

我们能在自然界取得的淡水的量很少。其余都是咸水，也就是海洋里的水。

所有生命都需要水才能存活。但并不是所有生命都能轻易地获得水。

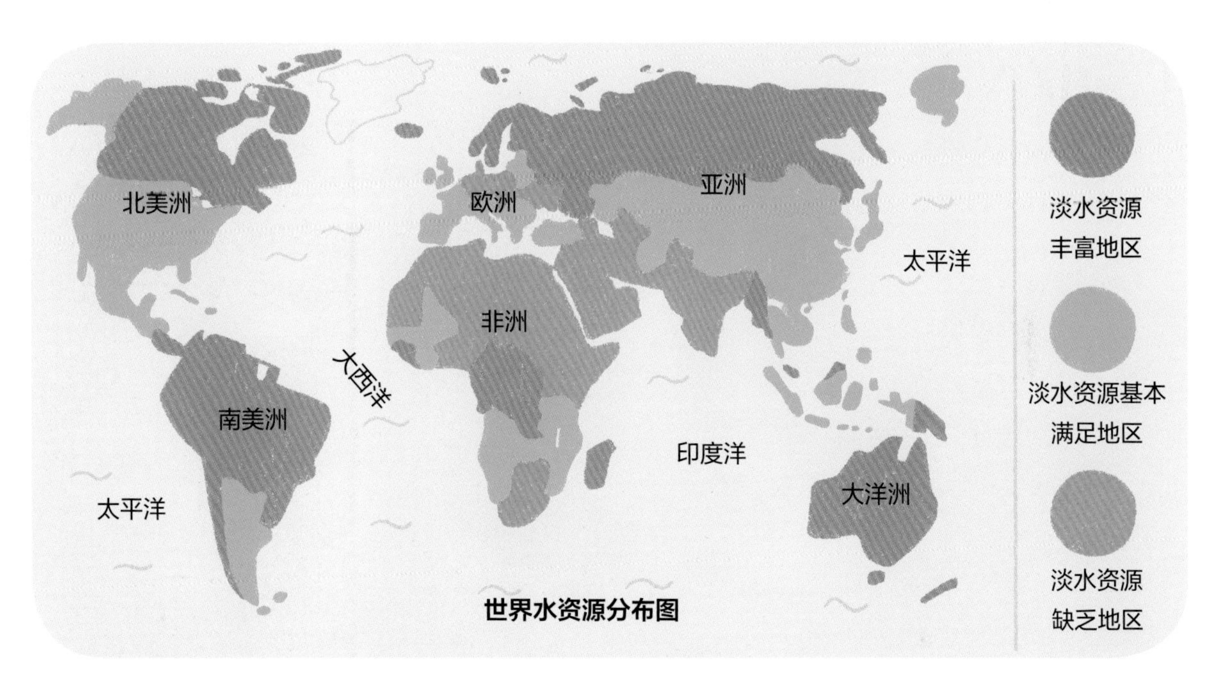

赤道地区和温带地区雨水充沛，所以淡水资源丰富。

沙漠地区和干旱地区降雨量少，并且高温多风，所以淡水资源缺乏。

水总是液态的吗？

在地球上，水最常见的形式是液态。

我们在河流、湖泊、海洋，以及**水汽**、薄雾、大雾里看到的，都是液态水。

结冰时，水以固态形式存在。在南极，南极大陆就被冰覆盖着。

在极地，我们可以看到一些巨大的冰块漂浮在海上。这些就是冰山。

水也以气态形式存在着，这就是**水蒸气**。但是水蒸气是看不见的。在自然界里，水蒸气存在于我们周围的空气中。当水被加热时，也会产生水蒸气。

冬天，天气非常冷时，水会结冰，所以我们能看到植物或玻璃窗上结霜。

为什么装满水的瓶子放在冰柜里会破裂？

液态水在冰柜里会冻结成冰，在这个被称为**凝固**的过程中，水会因为膨胀而占据更多空间，从而挤压瓶子的内壁，将瓶子撑破。

小实验

当水变为固态时会占据更多的空间！

为了证明这一点，我们可以将一个注射器放到冰柜里。

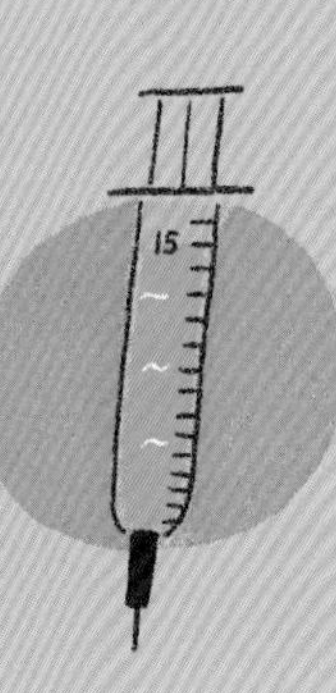

在放入冰柜冷冻之前，将注射器里装上 15 毫升的液态水。

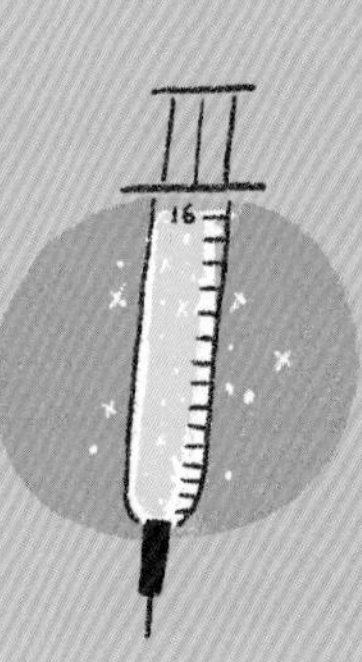

冷冻之后，注射器里含有 16 毫升的冰。

冰柜发明之前，人们使用的是冬天取得的天然冰。人们将这些冰保存在一种被称为“冰窖”的密闭地下储藏室里。

凡尔赛宫的冰窖让路易十四即使在夏天也能吃到冰激凌。

冰块或固态水消融，变成液态水，这个过程叫作**融化**。

小实验

水在什么温度下形态会改变?

1. 首先将一些冰块放在一个碗里，并在冰块中间放一个温度计。

2. 然后每隔 2 分钟记录一次温度。

3. 一段时间后，我们会观察到液态水和冰块的混合物。只要冰和液态水混合在一起，温度就会保持在 0 摄氏度。

4. 等所有冰块都变成液态水后，温度会再次上升。

在水的这个形态变化过程中，温度会一直维持在 0 摄氏度。

为什么冬天玻璃窗上会出现水汽？

空气里含有一种看不见的气态水，也就是**水蒸气**。当水蒸气冷却时，气态水会变为液态水。这种转变称为**凝结**。当我们洗热水澡时，浴室里的空气会变得非常潮湿，镜子上会出现水汽。

经过一个寒冷晴朗的夜晚之后，早上，空气中的水蒸气会凝结在植物上，这就是**露水**。

在室外，不论温度如何，液态水都会慢慢地变为水蒸气，这一过程被称为**蒸发**。衣服被晾干或者水洼里的水一点点地变干，都属于这种情况。

我们给水加热时，水的温度会升高。水烧开时，温度达到了 100 摄氏度左右，这是非常烫的。许多大的水蒸气气泡会形成，并逸散到空气中。这就是**沸腾**。

平底锅上方还会出现白气。这些白气是由细小的水滴组成的。

小实验

水蒸发得有多快?

为了观察水蒸发得有多快，我们在一个盘子里和一个杯子里分别倒入等量的水。

几天后，我们观察到，盘子里已经没有水了，而杯子里还剩一点水。两个容器里的水都蒸发了。

盘子里的水蒸发得更快，因为它里面的水与空气的接触面积更大。

落在地上的雨水到哪儿去了？

水在地球表面和大气层之间不停地交换着，这就是**水循环**。水循环可以分为几个不同的阶段。

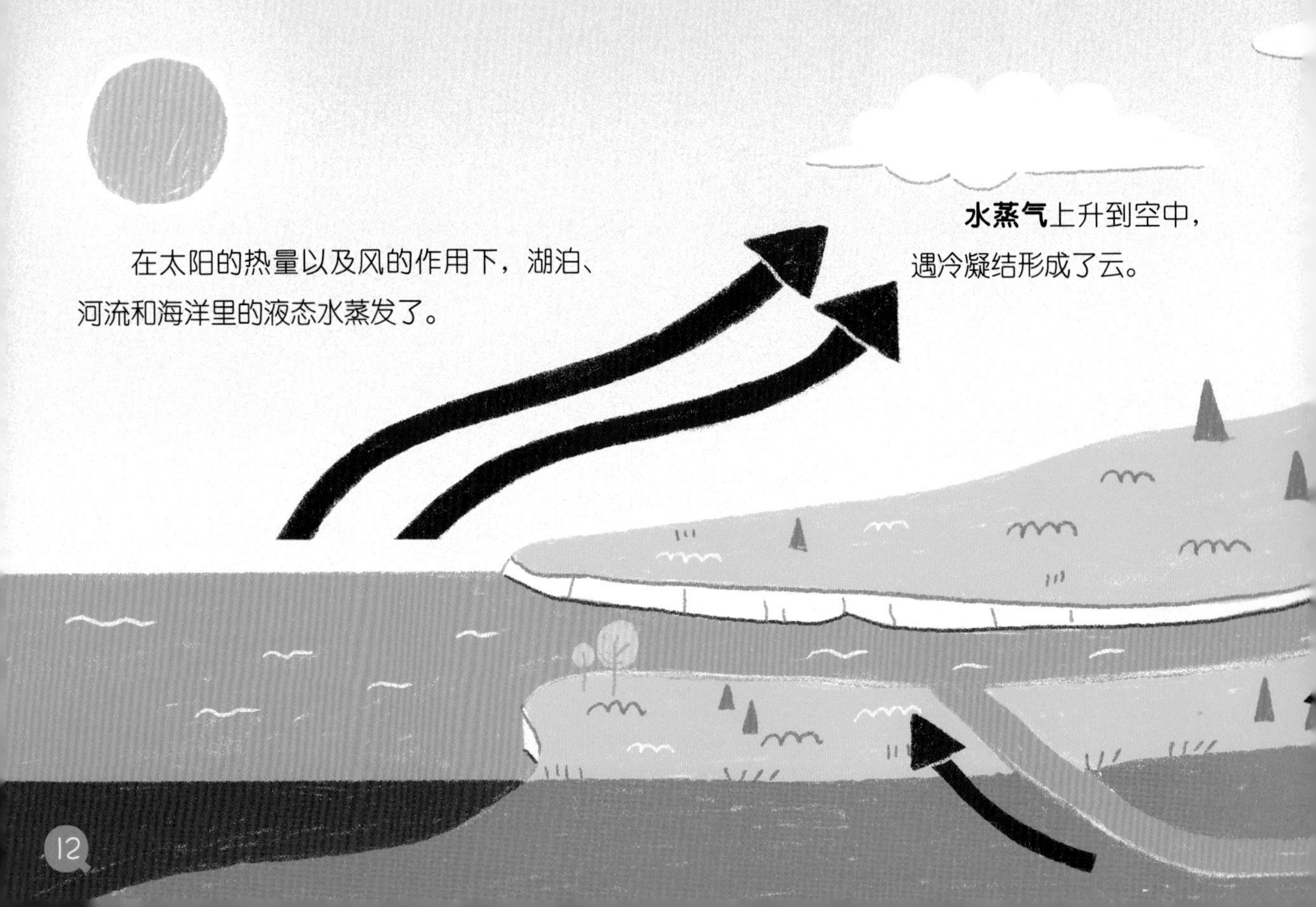

水渗入地下时会怎样？

雨水流经地面时，如果土壤允许一部分雨水透过，那它就是可渗透的。这个过程就是**下渗**。当雨水遇到不透水的土壤层时，就无法再继续下渗。于是雨水便汇聚起来，形成了**地下水**。

为什么海洋里的水是咸的？

40 亿年前，地球经历了一系列大规模的火山活动。猛烈喷发的火山，释放出大量的**水蒸气**和其他气体。

后来，当地球冷却下来时，这些水蒸气和气体形成了酸雨。

酸雨落到地面，侵蚀了岩石，一些被称为**矿物质**的物质（比如钠）被溪流和江河带到了海洋。

海水的盐度，即海水里盐的含量，是每 1 升海水里含有 37 克盐。

盐田是一种通过引入海水来获得盐的池塘或水池。在太阳及风的作用下，海水会**蒸发**，因此，我们可以在盐田里收集到盐。

我们所消耗的大部分盐（氯化钠）是在盐田中生产的。

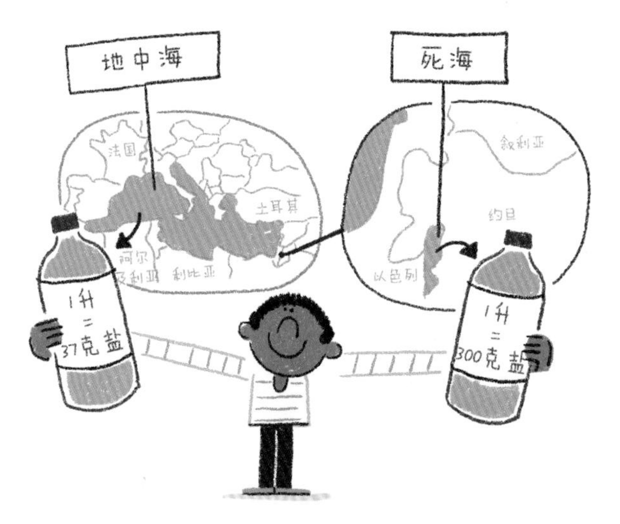

死海是世界上最咸的水域之一，每升水里含有 300 克盐，大约是一般海水含盐量的 8 倍。

小实验

盐田里发生了什么？

要想弄清楚盐田里发生了什么，你需要往装有水的汤盆里撒一些盐，然后搅拌一下。

水很**清澈**，说明盐在水中溶解了。

将汤盆放在太阳底下，两天后，水都蒸发掉了。我们会在盆底发现盐的沉积物。

任何东西都能与水混合吗？

当我们将糖与水混合时，会得到糖水**溶液**。糖不见了，它已经溶解在水里，它与水是**可溶的**。

水和糖形成了一种均质混合物：混合物中的不同成分无法用肉眼区分开来。

当我们往水中加入一些沙子时，水是**浑浊**的。沙子在水中保持了固体颗粒的形式，它与水是不可溶的。

这样得到的混合物被称为**悬浮液**，它是异质混合物：混合物中的所有不同成分都是可见的。

瓶装矿泉水是水和**矿物质**的混合物。矿物盐是一些存在于土壤和岩石中的物质。

水与石榴糖浆形成了一种均质混合物。石榴糖浆很容易就和水混合在一起。它和水是**可混溶的**。

将油加入水中并搅拌，油形成了不与水混合的小液滴。这是一种**乳浊液**。

小实验

回收淡水

太神奇了！由于高温的作用，水从含盐的混合物中蒸发了，然后在保鲜膜上凝结成小水滴，并落入玻璃杯中。

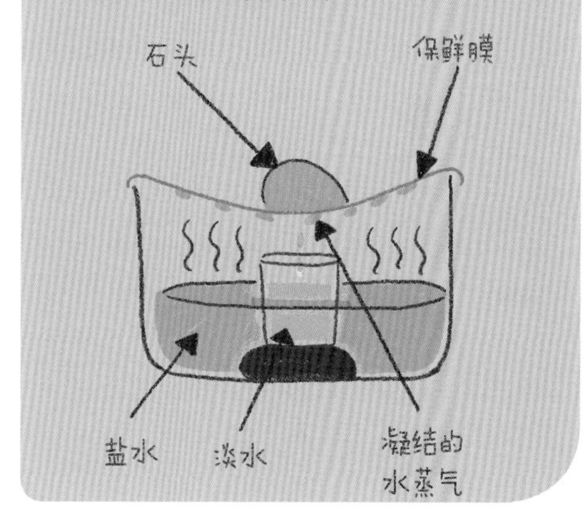

静置一段时间后，油会浮在水面上，因为油比水轻。油和水是不可混溶的，因为它们不能混合在一起。

水有什么用途？

今天，在法国，每个人每天要消耗大约 200 升的**饮用水**。在家里，我们使用水来饮用、做饭、洗澡、洗碗、给植物浇水。我们还用水来冲厕所、拖地、洗车……

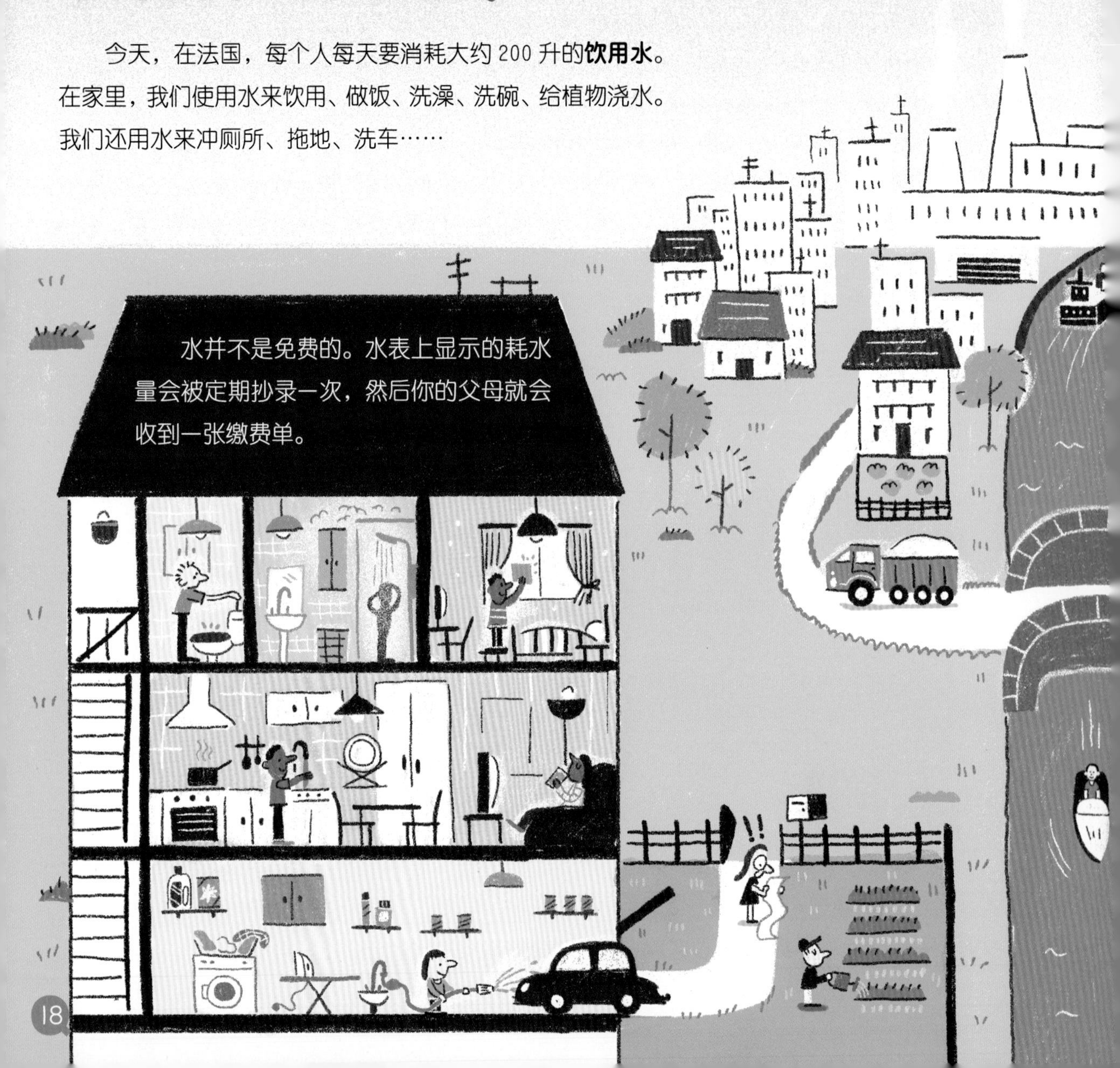

水并不是免费的。水表上显示的耗水量会被定期抄录一次，然后你的父母就会收到一张缴费单。

水也被用在其他活动中。农业要使用淡水来浇灌农作物，工业要使用水来进行冷却或清洗。许多商品要由船经水路运往各地。

水在休闲娱乐活动中也很受欢迎：游泳池、湖泊、温泉以及**水上运动**吸引了很多人。

小实践

避免浪费水的四种简单行为

大家都应该参与到对水这种珍贵资源的保护中来。

1. 用淋浴而不是盆浴。

2. 刷牙或用肥皂洗手时，不要让水继续流。

3. 查找水龙头漏水的位置并修理好。

一个一滴一滴漏水的水龙头，每天会浪费大约 150 升的水，这可是一浴缸的水量。

4. 收集雨水来浇灌植物以及洗车。

水是如何产生能量的？

水令磨坊的水车转动，水车的转动又驱动了机器运转，从而使我们得到了面粉、油……

今天，**水能**主要用于**水力发电站**发电。被大坝拦截的水以极快的速度流动，使连接发电机的涡轮机转动，而发电机则将产生的能量转化为电能。

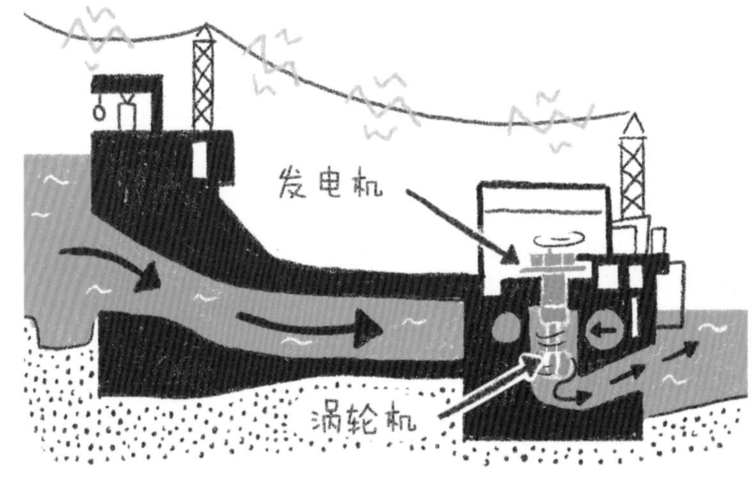

在一些水力发电站，我们还会用潮汐、海浪和洋流产生的能量来发电。

水还能使一些物体移动，比如船。水火箭能通过向下喷出的水产生反作用力而起飞。

小实验

制作一个水火箭

所需材料

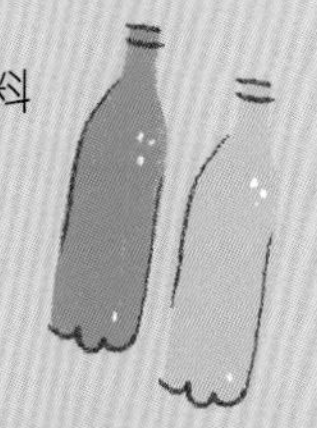

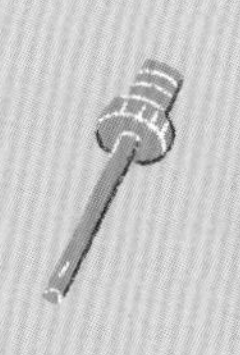

1. 首先组装火箭。用钉子将软木塞钻一个孔，然后将充气针插入孔中。

2. 往瓶中倒入一半的水，然后用软木塞塞住。可以通过增添一些副翼来改善瓶子的效果！

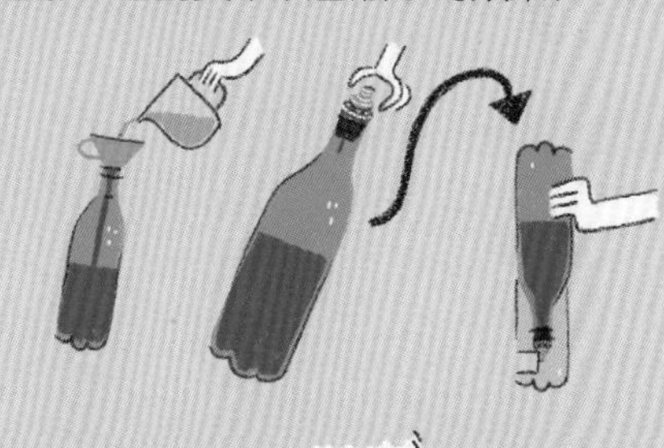

3. 将瓶子与打气泵相连，并放在支架上，这个支架能使火箭保持直立，就像在真正的发射台一样！

4. 准备完毕后，开始给火箭打气，让它能够起飞。注意离火箭远一点，保持一个安全的距离。打气可能需要几秒钟。一股水柱从火箭中喷出，将火箭推到了几十米处的空中！

自来水是从哪儿来的，又流向何处？

水龙头里流出来的水是从河流或地下抽取的。

抽取的水首先要在水厂中净化，使其达到饮用标准。

净化后的水被储存在一种储水建筑，即**水塔**里，然后再通过**管道**输送到千家万户。

家庭排出的污水通过新的管道流入下水道。

在被排放到大自然之前，污水会在污水处理厂经过清洁和去污处理。

小实验

像污水处理厂一样将脏水变干净

1. 为了使水变脏，我们可以将水、草、泥土、沙子和油混合在一起。

2. 通过漏勺后，脏水里的大体积废物被清除掉了，比如草、泥土和一部分的沙子。这一步骤就是栏筛。

3. 咖啡滤纸过滤掉了水中残留的沙子和油，水变得没那么浑浊了。这一步是除沙和去油处理。

4. 木炭碎屑可以去除水的异味以及一些化学物质。这一步是污水活性炭处理。

5. 瓶底的水是透明的。最初的脏水变得清澈了。但是不要喝它，因为它不是可饮用的！

没有水，我们还能活吗？

不管多大年纪，水都是人类身体最重要的组成部分。一个 30 千克的孩童的身体里包含了 20 升水。水在身体里无处不在，它能让身体很好地运转。

身体每天会以尿液或汗液的形式流失 2.5 升水。在呼吸的过程中，也有一部分水以**水蒸气**的形式被排出体外。

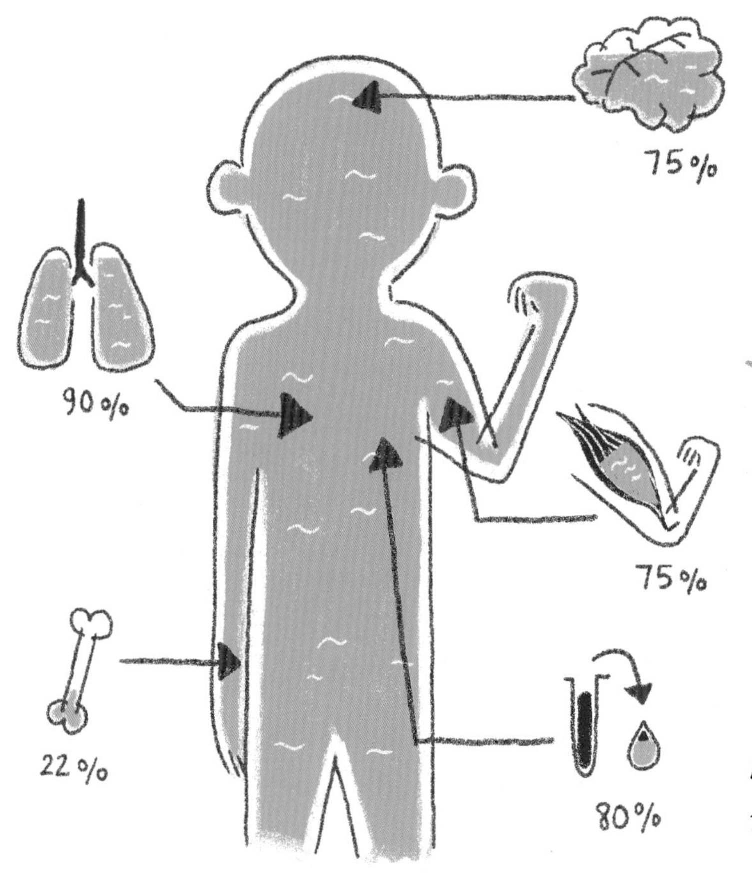

为了补充失去的这部分水，避免**脱水**，我们必须喝水，吃一些含有水分的食物。

动植物也都需要水才能生存。没有水，植物会枯萎并在几天后死去。

将两株豆苗放置在相同的环境里。其中一株按时浇水，它会正常生长。而另一株不浇水，它会在 10 天后枯死。

植物通过根从土壤中汲取水分。水流经植物的茎部，然后到达花和叶子。

小实验

植物是如何吸收水分的?

1. 将两个玻璃杯中装满用蓝墨水染过色的水，然后将两株雏菊分别放入杯中。

在第一个杯中，将雏菊的根部浸入水中。而在另一个杯中，则将雏菊的茎浸在水里。

2. 一天过后，第一株雏菊变成了蓝色。染过色的水在整株植物里流通。而另一株雏菊并没有变色，因为它的根部无法吸收到水。

动物是如何在水中生活的？

一些动物，比如鹭、鸭子和蜻蜓，生活在水边，在空气里呼吸。

还有一些动物生活在水里，为了呼吸到空气，它们要经常浮出水面，一些昆虫和青蛙就是这样。水蛛是一种生活在水中的蜘蛛，它们会随身携带一个存储空气的备用气泡。贻（yí）贝和鱼生活在水里，它们在水里呼吸。

鱼将水吞进嘴里，水流经鱼鳃后，又从鳃孔流出来，这使得鱼能够在水里呼吸。

大部分水生动物都靠鳍来游动前行。有些生活在水里的动物的脚完全变了样。青蛙就是靠它带蹼的脚来游泳的。

为了漂浮在水中，很多鱼的肚子里都有个袋状器官，里面充满了气体，这就是鳔（biào）。让鳔充气，鱼便可以游向水面。将鳔里的气体排空，鱼便可以潜入水底。

休息时，有些鱼会在水中保持不动，或者隐藏在藻类植物和水下岩石里。还有一些鱼类，比如鲨鱼，睡觉的时候都在游泳。

睡觉时，章鱼会在水底将自己伪装起来，有时还会改变身体的颜色。鲸鱼则会停留在水面，因为它需要呼吸空气。

水可能是危险的吗？

长时间下大雨会导致溪流及江河水位上涨，水溢出，从而导致洪水泛滥。

在寒冷的天气，下雨时，雨水与地面接触后会形成一层冰。这就是雨凇，它对车辆行驶是非常危险的。

为了保护自己，我们会在公路和人行道上撒盐。水在 0 摄氏度的时候会变成冰。但是，如果水和盐混合在一起，就只能在温度非常低的情况下才会凝固。正因为如此，撒上盐后，即使天气非常寒冷，水也会维持液态，从而降低行人和汽车打滑的风险。

海底地震有时会在海洋里引发巨浪，也就是**海啸**，这些巨浪会给沿海地区造成破坏。

在游泳池、湖泊或大海里，水对于游泳者来说也可能是危险的。一个不小心就可能导致溺水。水进入并充满溺水者的肺部，从而阻止了呼吸。

自然界的水有时会被垃圾或化学产品污染。这些污染会对很多生物造成危害。

为什么有些物体在水中会浮起来，而有些物体会下沉？

一个物体会沉入水底还是浮在水面的原因有很多。

小实验

要漂浮在水面上，一个物体需要具备一定的形状

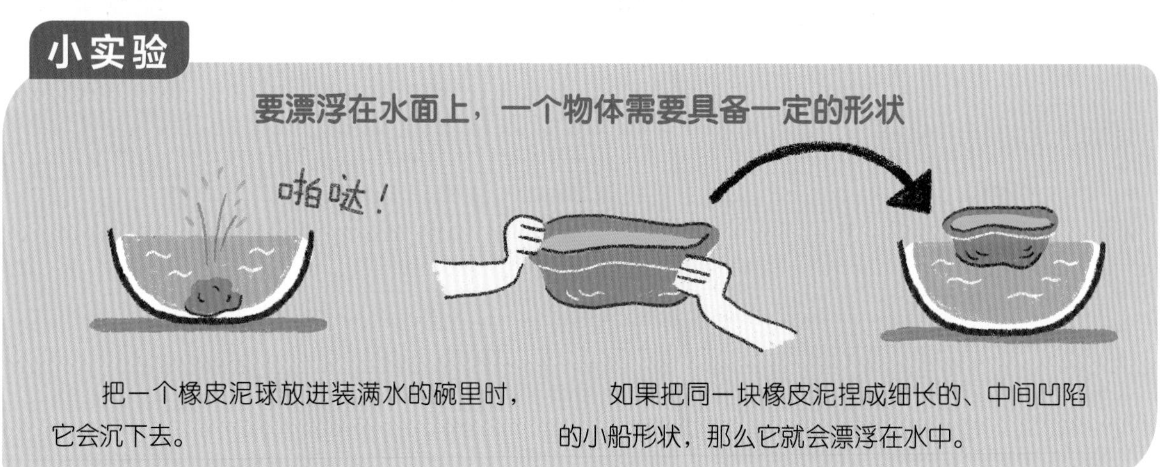

把一个橡皮泥球放进装满水的碗里时，它会沉下去。

如果把同一块橡皮泥捏成细长的、中间凹陷的小船形状，那么它就会漂浮在水中。

小实验

物体的质量对其在水中的沉浮也有影响

相同体积的物体，最重的会沉入水里，最轻的则会浮在水面上。

在四个相同的小瓶子里分别装入不同的材料（沙子、大米、棉花、空气），然后将它们浸入一盆水中。

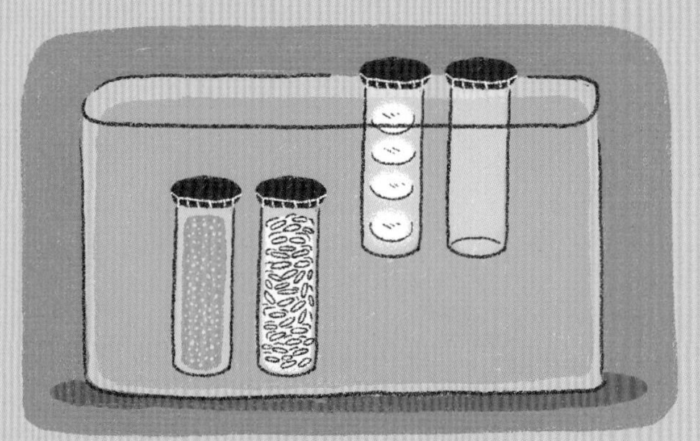

有些瓶子会浮在水面，另外一些则会沉入水盆底部。

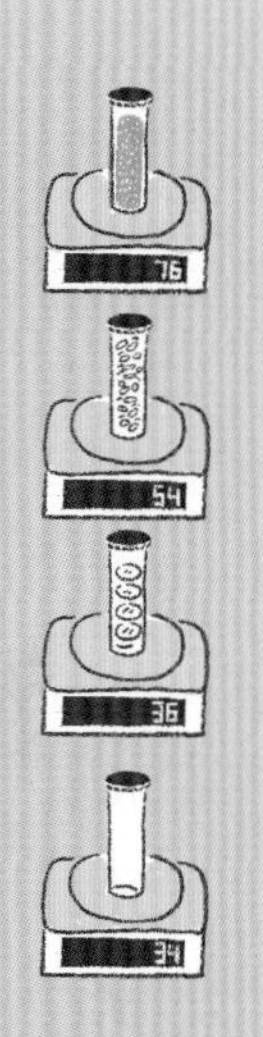

这是因为它们的质量不同。

我们将一个塑料小球按入水中，一旦我们将手松开，小球便会被快速地推向水面。水对可以漂浮的物体施加了一种从下往上的力。

水的成分对物体受水的**浮力**也有影响。举个例子，鸡蛋在淡水中会沉下去，在盐水中则会浮起来。

地球之外有水吗？

水在宇宙中无处不在。

天文学家用天文望远镜观察天体，能够探测到水的存在，并且知道水处于什么状态，水量有多少。

在太阳系，水基本上是以固态（冰）或气态的形式存在。地球是唯一已知的水以液态形式存在的星球。

很久以前，金星被海洋覆盖着。在太阳的作用下，它的水被完全蒸发掉了。如今只剩下非常少量的水，以**水蒸气**的形式存在于金星大气层中。

为了研究火星，人类已经往太空发射了好几艘航天器。这些航天器让我们知道，火星的极地覆盖着水冰，而在很久以前，火星上的水是以液态的形式存在的。

土星是一颗以其光环而闻名的行星。它的光环里有冰以及被冰覆盖的岩石。

什么是彗星？

彗星是由冰和尘埃构成的天体。当它靠近太阳时，一部分冰会升华，在彗星尾部形成一条长长的痕迹，这就是彗尾。

关于水的小词典

这两页内容向你解释了当人们谈论水时最常用到的词，便于你在家或学校听到这些词时，更好地理解它们。正文中的加粗词汇在小词典中都能找到。

地表径流：雨水或雪水流经地表产生的水流。

地下水：贮存于地下岩石空隙间的水。

沸腾：液态水达到 100 摄氏度时转化为水蒸气，并产生大量气泡。

浮力：物体在流体中受到的向上托的力。

管道：用来让水流动的管子。

海啸：地震引发的巨浪，可能会造成巨大破坏。

浑浊：（水）含有杂质，不清澈透明。

降水：以雨、冰雹或雪的形式从空中落下来的水。

可混溶的：两种物质以任意比例混在一起皆能均匀溶解的现象。

可溶的：如果一种物质可以很好地溶解在水等溶剂里，我们就说这种物质是可溶的。

矿物质：存在于岩石和土壤里的一些物质，对生命体来说是不可缺少的。

露水：由于水蒸气凝结而形成的细小水滴，附在地面和植物上。

凝固：液态水冻结变为固态水（冰）。

凝结：气态水（水蒸气）由于冷却重新变成液态水的过程。

清澈：清而透明。

溶液：一种混合物，我们无法用肉眼将其中的不同物质区分开来。

融化：固态水消融，重新变为液态水。